Und so geht's:

Das Beispiel auf dieser Seite zeigt, wie du mit miniLÜK spielst.

Öffne das miniLÜK®-Lösungsgerät und lege den durchsichtigen Boden des Lösungsgerätes auf die untere Übungsseite deines miniLÜK-Heftes! Nimm Plättchen 1 und sieh dir Aufgabe 1 an!

Dort siehst du eine gelbe Form, die du in grün auf der unteren Seite in Feld 9 wiederfindest. Lege Plättchen 1 auf die grüne Form in Feld 9! So spielst du weiter, bis alle 12 Plättchen auf dem durchsichtigen Teil des Lösungsgerätes liegen und keine Bilder mehr zu sehen sind.

Dann schließt du das Lösungsgerät und drehst es um. Wenn du das bei der Übung abgebildete Muster siehst, hast du alles richtig gemacht.

Passen einige Plättchen nicht in das Muster, löst du diese Übungen noch einmal. Stimmt es jetzt?

Und nun viel Spaß!

W0370046

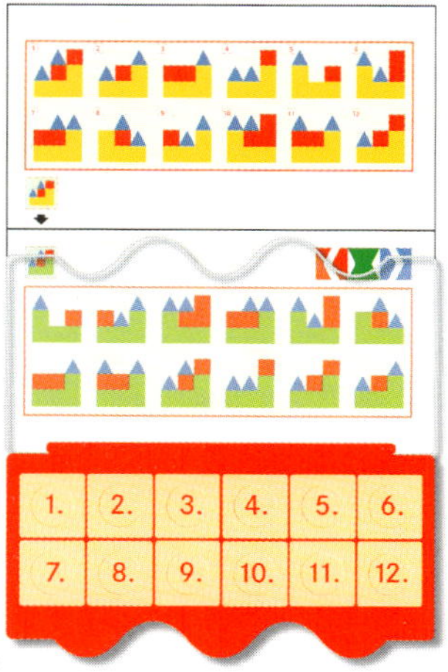

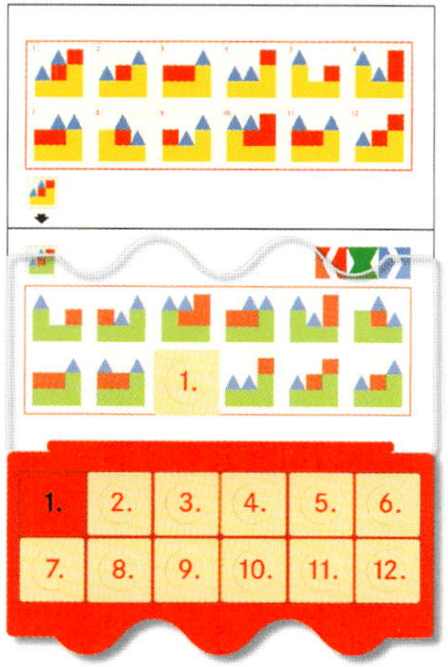

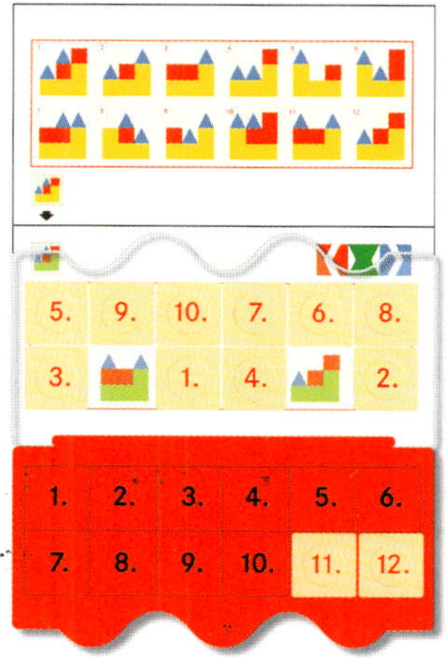

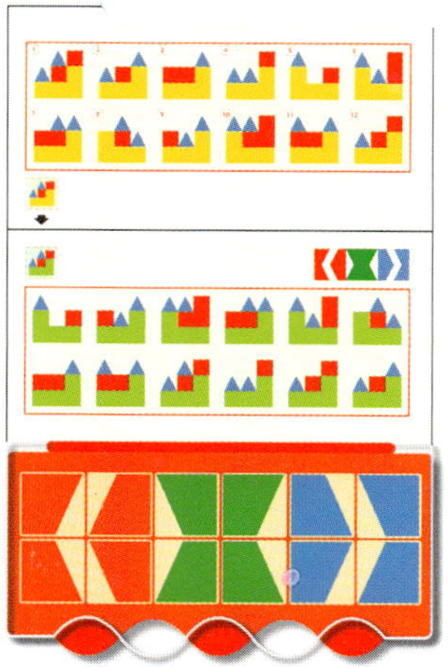

Wo ist das gleiche Bild?

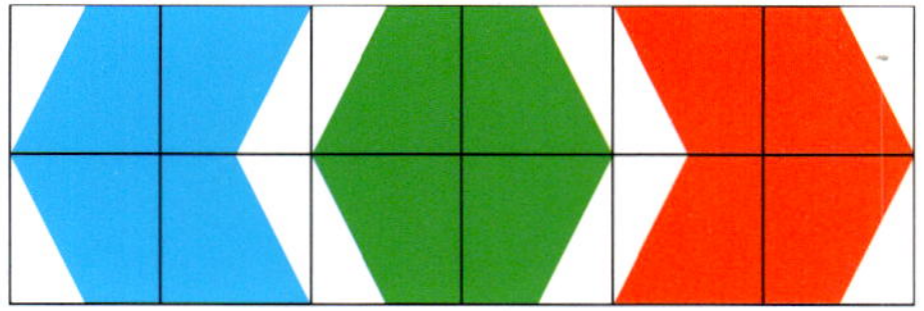

1

2

3

4

5

6

7

8

9

10

11

12

Von 1 bis 6 – Ordne richtig zu!

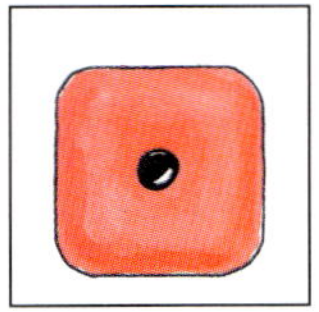

1

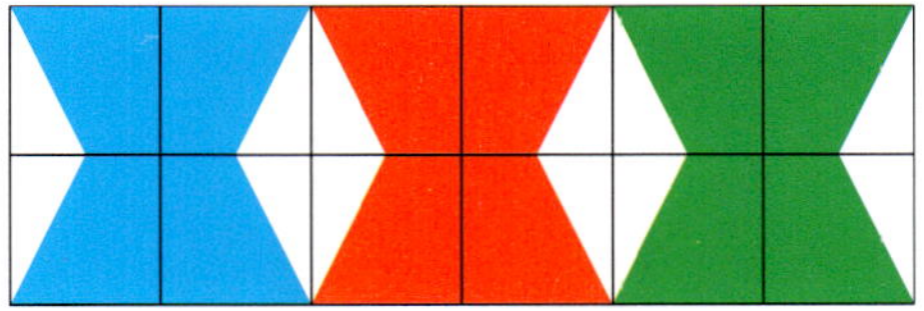

1 5	2 2	3 6	4 5	5 1	6 3
7 2	8 6	9 4	10 3	11 1	12 4

Wie viele Tiere sind das?

3 

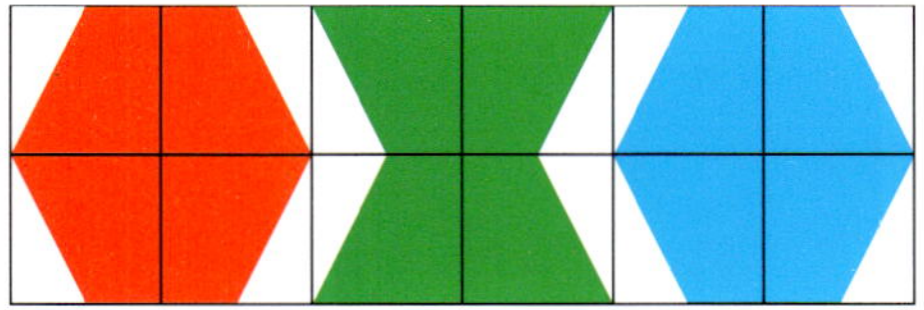

1  6	2  1	3  2	4  4	5  5	6  2
7  5	8  4	9  3	10  6	11  1	12  3

Zählst du 6 Punkte, ja ☺ oder ☹ nein?

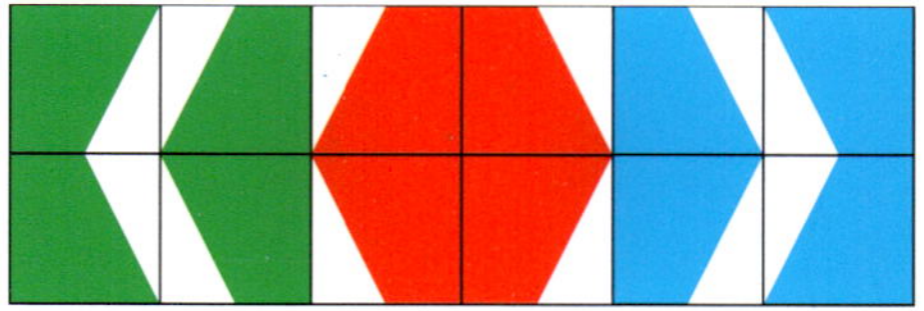

1
2
3
4
5
6
7
8
9
10
11
12

Finde die Aufgabenlösung!

1  3+1=	2  1+0=	3  3+2=	4  2+0=	5  5+1=	6  1+2=
7  2+1=	8  1+3=	9  1+5=	10  2+3=	11  0+1=	12  0+2=

3+1=

3+1= 4

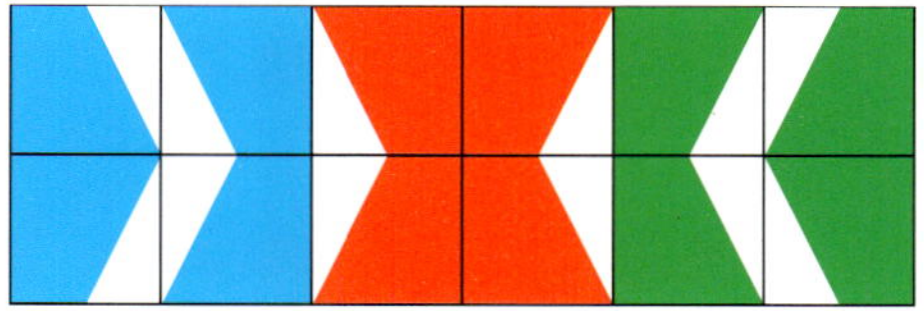

1

1+2= 3

2

1+3= 4

3

0+1= 1

4

5+1= 6

5

2+1= 3

6

3+1= 4

7

0+2= 2

8

1+0= 1

9

1+5= 6

10

3+2= 5

11

2+0= 2

12

2+3= 5

Lauter Minusaufgaben

1

4-2=

2

5-0=

3

3-3=

4

4-1=

5

2-1=

6

6-2=

7

6-1=

8

5-2=

9

4-3=

10

6-0=

11

5-1=

12

5-3=

4-2=

4-2= 2

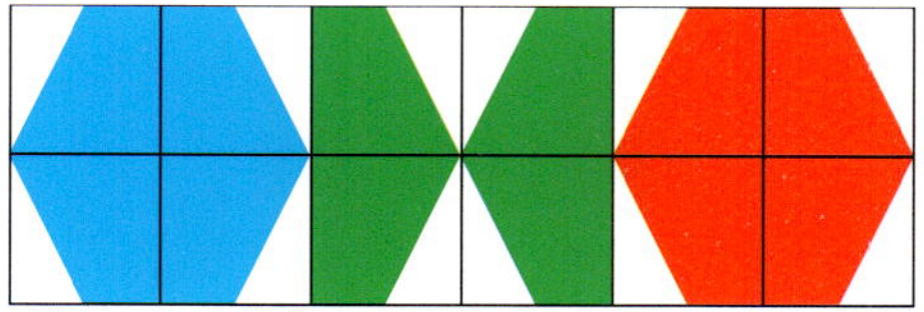

1

5-0= 5

2

6-2= 4

3

4-1= 3

4

4-2= 2

5

4-3= 1

6

3-3= 0

7

5-2= 3

8

5-3= 2

9

6-1= 5

10

6-0= 6

11

5-1= 4

12

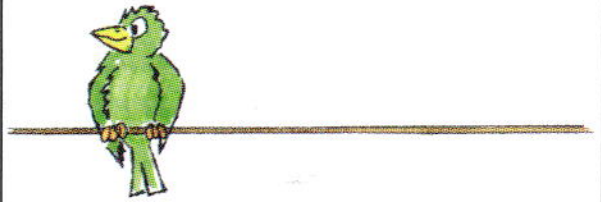

2-1= 1

Finde die zugehörige Lösung!

1	2	3	4	5	6
1+2=	4+2=	1+5=	3+3=	2+3=	1+1=
7	8	9	10	11	12
1+3=	3+2=	4+1=	2+1=	3+1=	2+2=

1+2=

3

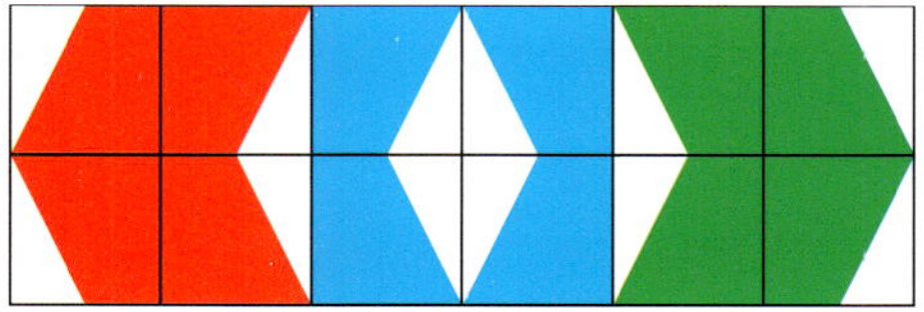

1	2	3	4	5	6
5	5	4	5	3	6
7	8	9	10	11	12
4	6	2	6	3	4

Welche Aufgabe hat das größere Ergebnis?

1	2	3	4	5	6
1+2=	4+2=	1+4=	0+4=	6+0=	2+1=
2+2=	1+3=	3+3=	4+1=	3+2=	1+1=
7	8	9	10	11	12
3+1=	4+1=	1+3=	0+0=	2+1=	3+2=
2+3=	2+2=	2+4=	1+0=	1+0=	4+0=

1+2=	
2+2=	

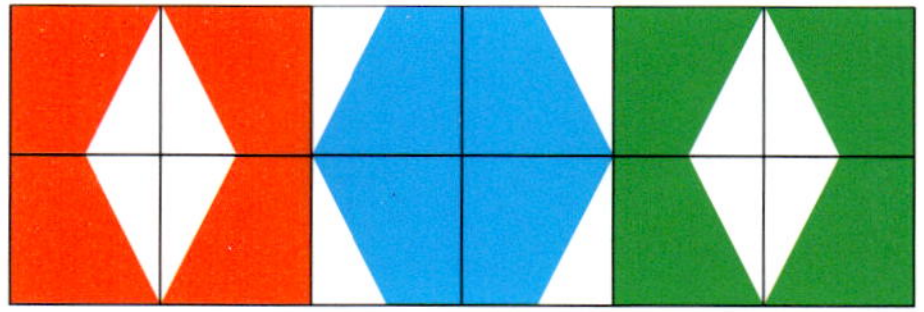

1

2

3

4

5

6

7

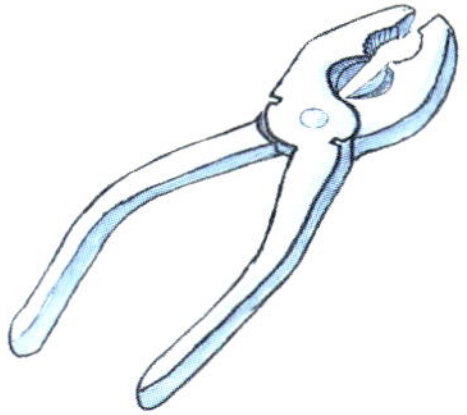

8

9

10

11

12

Wie lautet die richtige Lösung?

1 $5 - 3 =$	2 $4 - 1 =$	3 $5 - 2 =$	4 $6 - 3 =$	5 $4 - 2 =$	6 $6 - 4 =$
7 $6 - 2 =$	8 $5 - 4 =$	9 $6 - 5 =$	10 $4 - 3 =$	11 $4 - 0 =$	12 $5 - 1 =$

$5 - 3 =$

2

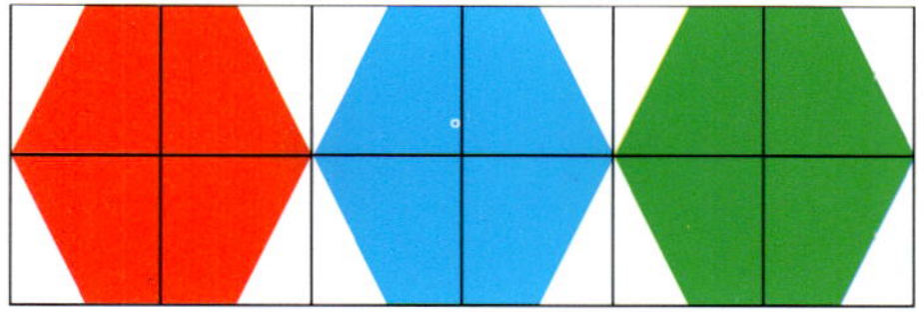

1 1	2 3	3 3	4 2	5 2	6 3
7 4	8 2	9 1	10 4	11 1	12 4

Rechne richtig aus!

1 2+3= 4 5 6	2 1+3= 4 5 6	3 5+1= 4 5 6	4 1+4= 4 5 6	5 4+2= 4 5 6	6 2+3= 4 5 6
7 4+0= 4 5 6	8 3+3= 4 5 6	9 3+1= 4 5 6	10 2+4= 4 5 6	11 3+2= 4 5 6	12 2+2= 4 5 6

2+3=
4 5 6

5

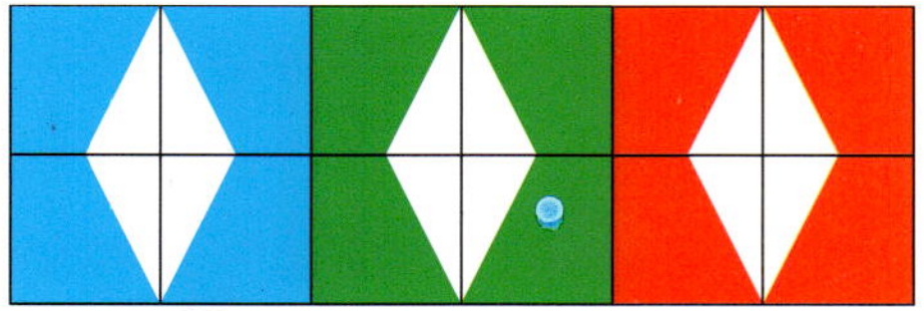

1	2	3	4	5	6
4	6	4	6	6	5
7	8	9	10	11	12
5	4	5	5	6	4

Welche Aufgabe hat die kleinere Lösung?

1	2	3	4	5	6
3-2=	4-1=	3-1=	6-2=	4-2=	5-1=
2-0=	6-2=	1-0=	5-0=	4-3=	6-1=
7	8	9	10	11	12
4-0=	5-1=	6-3=	4-2=	3-1=	5-1=
5-2=	3-0=	6-0=	5-4=	5-2=	4-2=

3-2=
2-0=

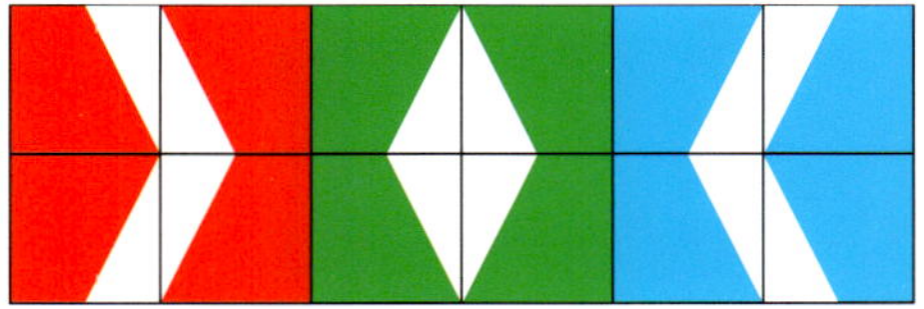

1
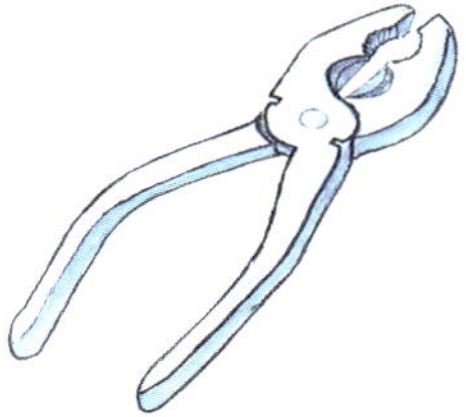

2
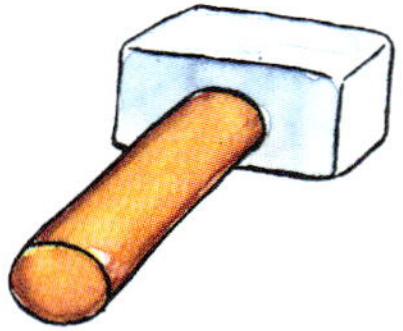

3

4
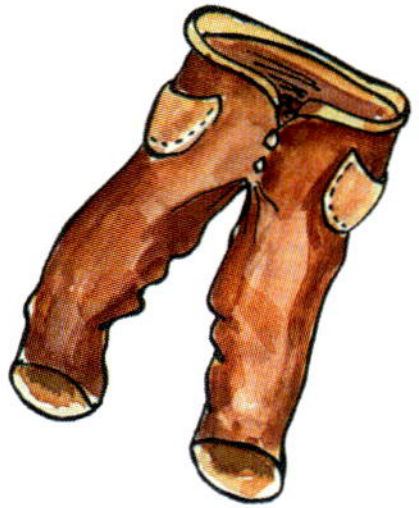

5

6

7

8

9

10

11

12
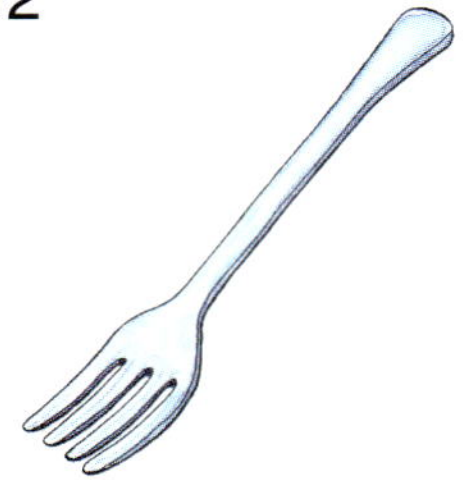

Plus und Minus im Wechsel

1 2+1=	2 1-1=	3 1+1=	4 4-2=	5 2+2=	6 6-1=
7 4-1=	8 3+2=	9 6-2=	10 1+0=	11 2-1=	12 3+3=

2+1=